LA MALADIE
DES POMMES DE TERRE.

OBSERVATIONS ET EXPÉRIENCES

RÉLATIVES A LA MALADIE

DES

POMMES DE TERRE,

PAR

LE DOCTEUR

G. VROLIK,

Chevalier de l'Ordre du Lion Néerlandais, Professeur à l'Athenée Illustre,
ex-Secrétaire de la première Classe de l'Institut Royal des Sciences,
Membre de l'Académie Royale des Sciences et Belles Lettres de
Bruxelles, etc. etc.

Avec une planche.

AMSTERDAM,
G. M. P. LONDONCK.

1846.

Mais si, de toutes les recherches qui ont été faites sur la maladie de la pomme de terre, on ne peut rigoureusement déduire la cause qui l'a produite, on arrive au moins par le raisonnement à cette conclusion, qu'elle ne peut être contagieuse : ni par les productions cryptogamiques, ni par les animaux et animalcules, puisque les uns et les autres ne s'y montrent jamais qu'à la suite de l'altération plus ou moins profonde de la substance des fanes et des tubercules ; ni par les matières cristallines qui apparaissent aussi abondantes dans les tubercules sains, que dans ceux qui sont atteints de la maladie.

Ch. Gaudichaud.

AVANT-PROPOS.

Comme du moment que la maladie des pommes de terre se manifesta dans la contrée, où se trouve ma maison de campagne, elle fut pour moi un objet de recherches assidues et continuelles, je n'ai pas cru devoir me refuser à l'invitation que me fit l'honneur de m'adresser la première classe de l'Institut Royal des Pays-Bas, à faire partie de la commission chargée de répondre aux questions, que Son Excellence le Ministre de l'Intérieur lui avait adressées:

1. *Quelles sont les causes vraisemblables et quelle est la nature de la maladie, qui affecte actuellement les pommes de terre?*

2. *La science et l'expérience donnent-elles des moyens suffisants pour arrêter les progrès de la maladie, pour la mitiger, ou pour en prévenir le retour, et s'il y en a, quels sont ces moyens?*

3. *Peut-on affirmer que les pommes de terre malades, soient nuisibles à la santé de l'homme et des animaux?*

4. *Y a-t-il alors quelque moyen ou quelque méthode, qui puisse prévenir l'influence nuisible de ces tubercules malades?*

La première classe de l'Institut a chargé son secrétaire de faire un rapport général, dans lequel on a fait entrer sommairement mon mémoire, ainsi que ceux de Messieurs A. NUMAN, H. C. VAN HALL et A. BRANTS.

Ce rapport a été adressé au ministre et publié déjà au mois de Septembre dernier dans la Gazette Officielle des Pays-Bas. Il faut par conséquent le juger d'après l'époque de sa publication. Les membres de la commission étaient placés alors dans la position où se trouvent ceux qui, sans être préparés à toutes les phases d'une question, sont appelés à donner leur opinion et à fixer des principes, qui ne peuvent être basés que sur des faits dûment constatés. Comme parmis les opinions qui furent émises alors, il y en a sans doute, quelques-unes, auxquelles mes honorables collègues ne voudraient certainement plus donner leur adhésion; de même dans le nombre des préceptes que je donnai alors, il y en a quelques-uns, qui ne sont plus en harmonie avec les observations et les expériences, que je publie dans ce moment. — Toutefois c'est à ces premières données que je dois d'avoir acquis plus tard une conviction meilleure; et c'est dans l'espoir de la faire partager à d'autres amis de l'agriculture que je leur offre les resultats que je dois à l'expérience. Je n'ai d'autre but que de publier un ouvrage utile.

OBSERVATIONS ET EXPÉRIENCES

RÉLATIVES A LA MALADIE

DES

POMMES DE TERRE.

La maladie dont le cru des pommes de terre fut
atteint l'été dernier, a régné si généralement dans l'Europe presque entière, qu'il paraît hors de doute qu'elle
doive être attribuée à une influence universelle. Cependant, quelque étendue que puisse être l'action des
influences malignes sur des corps organisés, elle n'est
pas tellement illimitée, que l'on ne puisse admettre
des circonstances assez efficaces pour exclure toute
action nuisible, et la paralyser.

Le choléra asiatique en a fourni la preuve. Peu
d'individus atteints y ont résisté. D'autres cependant
dans des édifices voisins et dans les chambres même
des malades y ont échappé. On a fait la même observation dans d'autres maladies contagieuses. Il faut
pour les produire le concours de plusieurs circonstances. L'absence d'une seule suffit pour les empêcher.

L'intensité des maladies admet pareillement des modifications qui dépendent de la constitution du patient, et d'autres circonstances, qu'il n'est pas nécessaire de détailler pour faire partager la conviction que les mêmes faits se reproduisent dans la maladie qui a récemment frappé les pommes de terre.

Le Rapport présenté le **6** Septembre 1845 à la première Classe de l'Institut Royal des Pays-Bas contient mes observations sur ce sujet. Elles ont été communiquées dans un ample mémoire adressé par **Mr.** le Secrétaire de la Classe, au Ministre de l'Intérieur et publié par son ordre.

Sans répéter ce qui a été dit, je me borne à faire part des observations que j'ai faites plus tard.

J'ai poursuivi sans interruption mes expériences, en m'arrêtant spécialement à un champ de pommes de terre dont je ne pouvais faire mention alors, car le fruit n'était pas assez avancé. Ce champ toutefois, j'ose le supposer, fournira des résultats intéressants pour la culture prochaine des pommes de terre.

J'avais à défricher un terrain de bruyère assez étendu, et voulant essayer si dans ce sol récemment labouré et bêché à la profondeur de six décimètres au moins, je parviendrais à faire croître des pommes de terre, je choisis à cet effet l'espace d'un hectare. L'hiver prolongé n'avait pas permis de labourer ce sol avant les premiers jours de Mai. Je ne pouvais attendre une végétation abondante de ce terrain de bruyère nouvellement bêché, à moins de le bien fumer. Je fis creuser le sol à distances de

quatre décimètres et demi, en forme triangulaire à
profondeur convenable, et je fis mettre dans chacune de ces cavités l'espèce de fumier dont je voulais essayer la force. Le fumier fut couvert d'une
légère couche de terre de bruyère. Le guano de
Bolivia fut employé pour quelques mètres, le guano
Africain pour d'autres, et le fumier d'étable, mêlé
de fumier de rigole de vaches, de litière de porcs,
de chevaux et de jeunes bêtes à cornes; pour quelques mètres enfin servit de la bourbe de l'an passé,
sur laquelle les tubercules furent mis sans interposer
de la terre de bruyère.

Le temps moyen de cette plantation fut le douze
de Mai. Les tubercules furent de l'espèce rouge-pâle
(*bleekrooden*), Groninguoise (*Groningers*), et d'une
espèce nommée *moffen*.

l'Accroissement soutenu se fit longtemps attendre.
Les tubercules plantés dans du fumier d'étable pous-
sèrent les premiers des tiges d'un vert foncé. Vin-
rent ensuite les plantes crues dans la bourbe. L'effet
des deux autres engrais de guano ne présentèrent
point de différence.

Les plantes de la bruyère parurent vigoureuses et sans
atteinte de maladie lorsque, dans le mois d'Août, sur un
terrain intérieur de ma campagne, toute la verdure
était déjà fanée, et les tiges plus ou moins pourries. Cette différence se prolongea jusqu'à ce que de
violents coups de vent, survenus en Septembre, frois-
sèrent les feuilles et les marquèrent de points noirs,
pareils à ceux qui se montrèrent sur le feuillage des
arbres.

Les plantes crues dans le fumier d'étable commencèrent peu de temps après à montrer des signes de décadence ; ce qui me les fit déterrer le 3 d'Octobre. J'en obtins une assez bonne récolte de pommes de terre saines et intactes, que je fis conserver pour servir à la prochaine plantation.

Je laissai croître jusqu'à la fin d'Octobre les plantes qui n'avaient pas eu du fumier d'étable. Elles donnèrent des fleurs et des fruits, comme les autres, ce qui présenta un singulier contraste avec ce qui s'observait dans d'autres endroits, et attira l'attention de mes voisins. Si mon départ de la campagne n'eût été fixé au commencement de Novembre, j'aurais attendu le dessèchement des tiges, avant de passer à la récolte. Elle se fit entre le 27 Octobre et le 1er Novembre. Toutes les touffes donnèrent des pommes de terre saines et intactes, sans offrir quelque différence entre les espèces dites *bleekrooden*, *Groningers* et *Moffen*, et sans présenter quelque trace de maladie.

Toutes ces pommes de terre, récoltées plus tôt ou plus tard, se sont parfaitement conservées jusqu'au 15 Novembre ; phénomène vraiment curieux qui conduit à des conséquences importantes. En effet, des tubercules de la même espèce qui, dans le terrain sis dans l'intérieur de la campagne *Drakenburg*, avaient donné plus de la moitié de pommes de terre gâtées par la maladie, me fournirent dans la bruyère, où une partie de la même provision avait été mise en terre, des fruits sains et intacts.

Les pommes de terre récoltées dans la campagne *Drakenburg* appartenaient à un laboureur à qui j'avais cédé quelques mètres de terrain pour sa culture ; connaissant l'espèce dite *Groningers* comme très- fertile, il m'avait conseillé de l'employer pour la culture sur la bruyère.

Les rouge-pâles, *bleekrooden*, ont prêté le moins à l'observation. Elles se sont montrées les moins atteintes dans tout mon voisinage, ainsi que dans mes terres, comme il a été dit dans le Mémoire de la première Classe, antérieurement publié. Cette espèce toutefois n'a point paru tout à fait exempte de maladie, comme l'était celle plantée dans la bruyère.

Je n'ai pas cultivé ailleurs l'espèce dite *moffen*. Cette variété se serait peut-être montrée aussi favorablement sur ce sol. Mais quoi qu'il en soit, toutes elles confirment l'opinion plus d'une fois émise, qu'à l'influence qui généralement a dominé, il devait s'en être joint une autre pour exciter dans le cru des pommes de terre la maladie spécifique, qui est devenue si funeste pour la population.

Je n'ai pas douté dès le commencement que la constitution du sol ne dût être prise ici surtout en considération ; et les expériences indiquées ci-dessus en ont donné la pleine certitude. Partout où en Mai les pluies continuelles, souvent battantes, ont pu pénétrer librement jusqu'aux profondeurs du terrain, les pommes de terre ont été entièrement ou à peu près exemptes de maladie. Moins le sol a été meuble et laissant aux eaux le passage libre, plus les suites de cette stagnation se sont montrées funestes. Cette observation a été confirmée partout dans nos provinces.

Cependant le dessèchement simultané de la fane et la dissolution des tiges paraît avoir eu une cause à part, sans liaison nécessaire avec la maladie des tubercules. En effet nous, moi et tant d'autres observateurs, avons trouvé fréquemment des pommes de terre saines adhérentes sous terre à des tiges affectées, ce qui eût été impossible, si la même cause avait exercé une influence également maligne sur les tiges aériennes et sur les tubercules. (*)

Tout ce que dans les écrits ou dans les feuilles du jour on a pu avancer de contraire à ces faits, est le résultat d'observations spéculatives qui ne sont pas déduites de

---

(*) Ch. GAUDICHAUD s'explique là dessus dans le même sens.

» Or, nos recherches particulières, dit-il, nous ont facilement » démontré que, dans des champs entiers où les fanes étaient » noircies, couchées mortes sur le sol, et chargées des altérati- » ons diverses qui ont été signalées par tous les habiles obser- » vateurs, les tubercules tous, se sont rencontrés parfaitement » sains ;

» Que dans d'autres champs, où les fanes se trouvaient dans » le même état, on n'observait qu'un petit nombre de tubercu- » les altérés ;

» Que dans ceux où la maladie a exércé ses plus grands rava- » ges, on remarquait encore une assez grande quantité de » pommes de terre complètement preservées du fléau ;

» Que dans plusieurs localités, où les fanes étaient restées » vivantes, vertes et fraiches, se trouvaient des tubercules ma- » lades. Enfin on sait que dans quelques parties de l'Irlande, » les tubercules seuls ont été atteints, et que, jusqu'au der- » nier moment, les fanes se sont conservées vertes et fraiches.

Aperçu sur les causes physiologiques de la maladie des pommes de terre, dans les Comptes rendus hebdomadaires des séances de l'Academie des sciences. Tome XXII No. 7, (16 Fevrier 1846) pag. 271 & 272.

la nature. Cependant, tout pénétré que je suis de cette vérité, je ne prétends point avoir adopté sans preuves une thèse, dont les conséquences doivent être d'une si haute importance, d'autant moins qu'elle m'a paru pouvoir être prouvée par des expériences positives.

J'ai fait servir les observations antérieures d'autrui, ainsi que les miennes propres, à frayer le chemin à ces expériences.

Quand d'une pomme de terre qui germe, les pouses sont détachées à la main et plantées séparément, il est rare que ces germes ne prennent terre et ne croissent, jusqu'à produire une plante qui forme à sa base des tubercules, dont le nombre en effet n'est pas grand, s'élèvant rarement au-dessus de sept, mais qui d'ordinaire sont bien développés et propres à la consommation. Le tubercule ou la pomme-mère n'en souffre point et demeure tout à fait propre à la plantation. Quand on couche des branches latérales d'une tige, qu'on les couvre de terre, et que l'on poursuit cette opération pendant la croissance, le nombre des pommes de terre d'une même touffe se multiplie à volonté, et presque sans mesure.

Dès lors l'expérience me conduisit à coucher en terre des tiges de tubercules malades, sans être entièrement sèches ou pourries, séparées de la plante-mère, de manière à laisser exposée à l'air l'extrémité verdoyante, dans l'espoir de provoquer ainsi une fructification nouvelle sous le sol. Ces tiges en effet n'étaient pas tout à fait pareilles à des pousses fraîchement détachées d'une pomme de terre en germe.

ou d'une touffe ; la différence se montrait surtout en ce que l'on ne pouvait pas y conserver les racines ; l'expérience me parut toutefois trop importante pour ne pas l'essayer, d'autant plus que les expériences, faites par d'autres observateurs, ont prouvé que, pour continuer la croissance d'une tige détachée, il suffit de la transplanter dans un sol fertile.

Je commençai donc cette épreuve le 12 et 13 Septembre, en plaçant de ces tiges dans un châssis sous verre, et d'autres au grand air, toutefois de manière à ce que les unes et les autres fussent suffisamment humectées et à l'abri du soleil.

Mon espérance dès l'abord ne fut point trompée. La plupart des tiges donnèrent des signes de vie et de végétation continue, suffisants pour me flatter de n'avoir pas opéré en vain. Ma connaissance devait s'augmenter en effet, le produit de ces pousses fût-il bon ou mauvais.

Observant ensuite ces tiges, je remarquai que quelques-unes languissaient à vue d'œil, et se désséchèrent tout à fait. Il resta cependant en vie un nombre suffisant pour pouvoir servir à l'expérience. Je vis entr'autres s'accroître avec force une pousse à divisions multiples de l'espèce dite *rouge de Harlem*, qui avait produit des pommes de terre très mauvaises. Cette tige était placée dans un châssis sous verre. Mais des pousses couchées dans un sol ouvert, prises de l'espèce dite *blaauwkeen*, quelques-unes aussi n'étaient pas tardives. Lorsque le 29 Octobre je déterrai ces plantes, je trouvai à toutes les tiges, restées vivantes, des petites pommes de terre nouvelles de différente grandeur, depuis les plus menues jusqu'aux moyennes, toutes sans exception intactes et saines. Ces expériences prouvent sans aucun doute la vérité de ma thèse, que la maladie des pommes de terre a été indépendante des affections, qui ont atteint les parties supérieures des plantes.

Si toutefois l'on croyait ne pouvoir acquiescer sans réstriction aux expériences indiquées, comme étant prises sur des tiges séparées de la plante-mère, je puis assurer positivement. qu'une pousse d'une *blaauwkeen* buttée dans mon verger, où cette espèce avait été cultivée, a produit les mêmes résultats. Ici les pousses étaient restées attachées à leur touffe dans le sol primitif. Je déterrai la plante le 29 Octobre, et trouvai les pommes de terre du premier cru toutes atteintes de la maladie, tandis que les aériennes, buttées les 15 Septembre, produisirent des tubercules sains.

Mais si la tige et les feuilles, quoique malades et couvertes de moisissure, n'ont nui aux pommes de terre que pour autant que leur croissance en a souffert, ce dont personne assurément ne doutera , peut-on tout à la fois en conclure, que ce feuillage moisi et fané ne porte point en soi de contagion nuisible aux pommes de terre contigues, et ne rende le sol impropre à la culture d'un cru pareil pour les années suivantes? Ces questions sont bien importantes, et ne peuvent être résolues que par l'observateur, qui a consulté la nature elle-même, et alors encore l'on ne pourra trouver mauvais, qu'il ne réponde qu'avec une prudente hésitation. Je crois cependant ne rien devoir cacher de tout ce que j'ai observé pendant ces expériences, laissant à chacun d'en faire telle application, qu'il croira convenable pour lui où pour d'autres, dans l'intérêt de l'agriculture.

Le cru sain de pommes de terre, en pleine végétation dans mon champ de bruyère nouvellement défriché, me fournit l'occasion de faire des expériences sur l'action contagieuse, réelle ou non, des tiges gâtées et moisies ; j'en pris quelques-unes, détachées de l'espèce *rouge de Harlem*, qui avaient souffert le plus de la maladie régnante ; je réduisis en poudre ces tiges et leurs feuilles, et, pour qu'elle s'attachât mieux aux plantes sur lesquelles je voulois expérimenter, je la fis passer par un tamis très serré, jusqu'à la réduire en poussière fine. J'en remplis une boîte de fer-blanc du contenu de 284 centimètres cubes, et pourvue d'un couvercle perforé. Pour faire l'épreuve dans un enclos fermé autant que possible, je fis placer un châssis autour de quatre plantes vivaces de pommes de terre *rouge-pâles*, en pleine floraison et portant déjà des baies. Le châssis de bois ouvert par en haut formait un carré oblong, de sept décimètres et deux centimètres de longueur, sur sept décimètres de largeur, et quatre décimètres et deux centimètres de hauteur, en dedans. Les jointures furent dûment enduites de fiente de vache avec de la chaux ; le circuit fut butté, afin d'empecher que rien ne pût pénétrer du dehors, en longeant le sol. Ces quatre plantes étaient ainsi bien séparées des autres, précaution prise surtout, pour qu'en cas de contagion éventuelle, les plantes, contigues n'en fussent point atteintes.

Ces préparatifs faits, sur le midi du 12 Septembre les quatre plantes furent saupoudrées de la fine poussière susdite, et, après qu'elles en eussent été toutes bien couvertes, le reste fut jeté sur le sol qui couvrait les touffes.

L'air était clair et sec, le vent au Nord-Ouest, bon frais. Du 15 au 19 il tomba beaucoup de pluie. Les plantes saupoudrées continuèrent de croître avec vigueur pendant tout ce temps, et conservèrent au-delà leur bien-être, sans offrir la moindre apparence de langueur.

Lorsque le 17 Octobre j'examinai de nouveau ces quatre plantes ; j'en trouvai une qui se fanait, pas plus cependant que d'ordinaire se fanent les pommes de terre à l'époque de leur maturité. Les trois autres ne montraient point encores ces phénomènes. Toutes étaient plantées dans du guano de Bolivia, de la manière indiquée ci-dessus.

Dès qu'une de ces plantes eut atteint son plus haut degré de croissance, je les fis arracher toutes quatre, surtout pour examiner le résultat de mon épreuve sur les pommes de terre mêmes.

Les touffes furent trouvées richement pourvues de tubercules tant propres à la consommation, que plus petits. Mais, ce qui était important à constater, l'examen le plus scrupuleux de chaque tubercule ne présenta aucun signe d'affection morbide. Même aujourd'hui, ces pommes de terre sont toutes intactes et saines. Si des pommes de terre, atteintes de la maladie régnante, peuvent être contagieuses pour d'autres, elles ne le sont assurément pas par la poudre qui s'est formée ou déposée sur leurs feuilles et sur leurs tiges. Mais en est-il de même par rapport à la pomme de terre atteinte? N'a-ton pas appris successivement, que l'une infecte l'autre, et qu'à vue d'œil des masses se corrompaient, dont peu de fruits seulement portaient les signes de la maladie? Sans doute, et ceux qui l'ont avancé, ont mentionné la putréfaction comme phénomène, d'après l'exacte vérité. Cependant la conséquence qui en a été déduite ne m'a point paru aussi juste que l'observation elle-même.

L'arrachement hâtif des pommes de terre, fait par crainte d'une putréfaction progressive, a bien éloigné les tubercules, encore sains en apparence, du sol où ils croissaient, mais n'a pu arrêter la maladie dont déjà ils étaient atteints, quoique dans un dégré faible et souvent imperceptible.

L'expérience m'a montré, combien il faut user de prudence dans le jugement que l'on porte sur l'état de santé ou de maladie des pommes de terre, pendant l'épidémie actuelle. Je vis à *Groeneveld*, terre de Madame la Douairière HUYDECOPER DE MAARSSEVEEN, le 15 Septembre, un champ de pommes de terre, dites Anglaises ou *blokgelen*, si saines et si bonnes, à quelque peu d'exceptions près qui souffraient, que je fus émerveillé d'une culture aussi heureuse; et, si l'on m'avait demandé mon opinion sur l'état de ce champ, je n'aurais pas hésité à donner un témoignage favorable à la presque totalité de ces tubercules. Je visitai quatre semaines après le même champ avec l'intendant TEN HOLT, et déjà il présentait un aspect tout différent. Un laboureur occupé à arracher les pommes de terre me fournit l'occasion de les examiner toutes avec soin, et cet examen ne laissa aucun doute sur l'affection morbide, dont le tiers à peu près avait été atteint depuis ma visite précédente. Si la récolte s'était faite un mois plutôt, comme on se l'était proposé, mais ce que j'avais déconseillé, et si après avoir déposé ces pommes de terre dans une grange, ou dans tel autre endroit l'on avait découvert ensuite, que le tiers fût atteint de putréfaction, l'on aurait sans aucun doute attribué cet état maladif à la contagion mutuelle; tandis qu'à mon avis cet état n'ait été que l'effet du développement progressif de la maladie dans chaque tubercule; maladie existant intérieurement, mais inaperçue par défaut de signes patents.

Plus d'une expérience m'a prouvé qu'une pomme de terre n'en affecte point une autre intacte et saine; témoin une masse déposée en fosse de l'espèce dite *souris* ou *vetelotte*, entremêlée de malades et de saines.

Lorsqu'après quelque temps je fis ouvrir cette fosse, il en monta une odeur insupportable de tubercules gâtés, en putréfaction, de sorte que je désespérais d'en avoir conservé un seul. Toutefois les pommes de terre intactes et saines sortirent de cette masse aussi bonnes, que si elles avaient été conservées à part.

Les mêmes résultats se sont réproduits lorsqu'à dessein j'ai mêlé, hors de terre, des pommes de terre malades et saines. Toutefois je ne veux point avancer par-là, que des tubercules en putréfaction, mêlés avec d'autres qui ne le sont pas, ne pourraient leur communiquer la putréfaction. Cette assertion

serait démentie par l'expérience. Il s'agit seulement
ici du défaut de transmission de la contagion, ou,
en d'autres termes de la non-participation à une
forme déterminée de maladie pour des tubercules sains
d'une plante de la même espèce. Car aussitôt qu'une
pomme de terre est blessée, ou lésée dans sa surface,
l'état des choses change tout-à-fait; la maladie passe
alors d'un fruit à l'autre. En voici les preuves.

Après avoir reconnu l'impuissance de la poussière
des tiges et des feuilles gâtées à communiquer la maladie à d'autres plantes, j'ai voulu examiner jusqu'à
quel point ce pouvoir demeurait restreint, lorsque la
poudre était transférée sur des pommes de terre blessées à dessein; et j'étendis cette épreuve au transfert
du tissu maladivement affecté sur des fruits blessés,
mais sains du reste. Je fis subir le 19 Octobre
l'épreuve à toutes simultanément.

Je pris de préférence quelques *rouges-pales* de la
masse dont les plantes avaient régulièrement soutenu l'épreuve du saupoudrement avec la poussière de
tiges et de feuilles corrompues, sans en avoir souffert. Trois tubercules soumis à l'épreuve n'offrirent,
pendant la première semaine, aucun changement que
celui dépendant des blessures, dont les bords étaient
tant soit peu contractés et secs. La surface extérieure
de la plaie commença à s'altérer par suite de l'ino-
culation, opérée au moyen du tissu morbide d'une
pomme de terre gâtée. Les deux autres ne présentèrent aucune altération.

Après avoir suivi journellement l'état des pommes
de terre, et avoir vu s'augmenter progressivement

l'altération dans celle qui avait été blessée, j'ai examiné le 9 Novembre l'état intérieur de toutes les trois, et j'ai découvert, que le fruit inoculé par le tissu maladif, participait en effet à l'affection de la contagion y transféréc, altération commençant à l'endroit même où les surfaces blessées avaient été mises en contact avec le tissu corrompu, et s'étendant de-la le long du bord intérieur de la surface et de même par le tissu intérieur, comme cela s'observe d'ordinaire dès l'origine spontanée de la maladie (*).

Les parties prises de la tige et des feuilles n'avaient pas exercé une influence maligne sur les pommes de terre soumises à l'épreuve.

Résolu dès l'abord de ne pas m'arrêter à cette seule expérience, j'avais soumis le même jour à la même épreuve trois pommes de terre, dites *Groninguoises*. Elles furent prises de la masse récoltée le 11 Octobre

---

(*) J'ai présenté un résumé de ces expériences à la première classe de l'Institut Royal des Pays-bas, le 15 Novembre de l'année passée. J'avais déjà alors commencé depuis plus de deux mois des expériences avec des pommes de terre de différentes espèces jetant des pousses, comme je l'ai dit alors. Observant que quelques *blaauwkeenen* avaient pris toute leur croissance au 4 Janvier suivant, et que ces pommes de terre étaient parfaitement saines, j'y ai fait inoculer la matière corrompue d'une *witte blaauwkeen* malade.

Contre toute attente, elles n'en furent pas attaquées. On a pu s'en assurer dans la séance de l'Institut du 21 Mars. — La matière aurait-elle perdu sa force contagicuse? Ou la production nouvelle n'aurait-elle pas eu la receptivité nécessaire? Je préfère embrasser la première opinion, car la matière corrompue n'avait de même pas eu d'effet sur une pomme de terre dite *Groninguoise* de la récolte de 1845.

sur ma terre de bruyère, étant parfaitement intacts et sains avant l'expérience.

J'ai observé ces pommes de terre avec la même attention, et j'ai trouvé, qu'elles se présentaient en tout sens pareilles aux *rouges-pales*, de manière qu'ici encore celle-là seule avait dégenéré, dont la blessure avait été remplie du tissu malade d'une pomme de terre infectée.

Une troisième expérience fut faite sur des pommes de terre saines, dites Anglaises ou *blokgelen*, prises du terrein de bruyère nouvellement défriché, appartenant à Mr. E. VAN DE VELDE. Elles produisirent les mêmes résultats que les précédentes.

Il est ainsi au-dessus de tout doute que, tandis que des pommes de terre saines ne souffrent point de la corruption de fruits contigus, une surface blessée y dispose particulièrement.

Mais quelle opinion former à l'égard du sol, où des pommes de terre gâtées sont venu?

C'est là certainement une des questions les plus importantes à traiter dans l'intérêt de l'agriculture, et aussi n'a-t-elle pas échappé à mon attention. Sans pouvoir ou oser y donner une réponse généralement satisfaisante, je ne veux pas laisser de faire connaître les résultats des expériences déjà faites. Toutefois, elles ne peuvent être considérées que comme provisoires, parce qu'il faut le temps d'une culture entière pour se permettre de prononcer définitivement.

J'ai tàché de fixer mon opinion d'une manière définitive, en confiant pour culture d'hiver à un petit terrain, d'où ne sont presque sorties que des *blaauw-*

keenen gâtées, une partie de tubercules de l'an passé, dûs à l'obligeance de madame la douairière HUYDECOPER DE MAARSSEVEEN et à Mr. le professeur J. VAN HALL, qui voudront bien agréer ici l'expression de ma vive reconnaissance. Dès le 2 Novembre quelques-uns des tubercules plantés depuis peu ont fait paraître au dessus du sol une fraîche verdure. L'avenir seul peut décider de leur croissance intacte.

Il n'a point fallu toutefois un temps si prolongé pour obtenir un résultat provisoire. Il suffit d'avoir manié des pommes de terre gâtées, pour savoir par expérience que quelques-unes, sortant de la règle commune, commencent à germer, dès qu'elles sont arrachées. Les pommes de terre saines n'acquièrent la force de germer, qu'après des semaines et même des mois.

Un changement ou une modification de certaines parties internes semble avec quelque probabilité être nécessaire au développement de cette force. Une pomme de terre fraîchement déterrée est impropre à une germination instantanée, et par cela seul hors d'usage pour la culture hivernale dans l'année même de son cru.

Ce changement de substances, cette mutation de sucs d'où naît la vertu germinante, ou à laquelle elle est liée, semblent déjà avoir eu lieu dans les pommes de terre malades, au moins dans quelques unes, avant d'être séparées de la plante-mère. Ce sont ces tubercules gâtés et germinants qui m'ont fourni l'occasion de faire des expériences qui peuvent donner des résultats importants, sur lesquels j'anticipe en communiquant la marche d'une seule expérience.

Le **12** Septembre, passant en revue mes champs de pommes de terre, afin de recueillir pour l'usage ci-dessus indiqué des tiges encore vivantes, mon jardinier, dont l'assistance fidèle m'a rendu de grands services dans toutes mes expériences, fixa mon attention sur un jeune cru de pommes de terre qui se montrait par-ci par-là dans des endroits d'où les fruits avaient été déjà récoltés. Sachant que les pommes de terre malades sont très disposées à germer, il nous vint bientôt la pensée que c'était le produit de pareils tubercules, resté accidentellement dans le sol ; ce soupçon fut bientôt confirmé par une recherche plus exacte. La résolution fut aussitôt prise et exécutée de relever avec précaution les tiges de tous les endroits où paraissait un nouveau cru de pommes de terre gâtées, et de transplanter ces pousses dans des pots de terre qui furent placés ensuite dans un châssis sous verre, muni chacun d'une étiquette indiquant avec exactitude la variété de la pomme de terre et l'espèce de sol, où les plantes avaient été mises. Quelques-unes furent transplantées dans une bonne terre, d'autres dans la terre même d'où elles avaient été prises.

Une de ces tiges, surgie d'une *blaauwkeen* malade, et transplantée dans un pot rempli de terre, prise du sol où avaient été relevées des pommes de terre malades, continua sa vigoureuse croissance jusqu'aux premiers jours d'Octobre.

La verdure commençant alors à se faner lentement,

j'examinai le 20 du dit mois ce qu'était devenue la tige sous terre, et j'y trouvai trois petites pommes de terre intactes et saines, dont la plus grande pourrait convenablement servir de semence.

J'essayerai maintenant de réunir dans un exposé succinct les observations et les expériences principales ci-dessus indiquées ; les conclusions suivantes pourront en être deduites.

1°. Des pommes de terre d'espèce et constitution égales, confiées à des terrains de nature différente, ont rapporté dans tel sol des tubercules malades et très corrompus et dans tel autre des tubercules sains.

2°. L'opinion qui a régné généralement, que la maladie, commençant à la partie supérieure de la tige, descendait de-là au fruit sous terre, et qu'ainsi la corruption des pommes de terre dépendait de la corruption des tiges, n'a paru avoir aucun fondement; vu que le même cru qui sous terre ne présentait que de mauvais fruits, a produit de ses parties placées au dessus du sol, au moyen d'expériences faites à cet effet, des fruits sains.

3°. Les feuilles et les tiges, quelque gâtées et moisies qu'elles puissent être, n'ont pas la faculté de transmettre la contagion.

4°. Des pommes de terre malades, quoique mêlées et entassées avec des fruits sains, ne les entraînent point dans leur dégénération, aussi longtemps que ceux-ci conservent leur intégrité et ne montrent aucune lésion.

5°. Toutefois, lorsque le tissu corrompu de tubercules malades est inoculé sur des plaies faites aux pommes de terre primitivement saines, l'on n'aperçoit d'abord aucune altération, mais après huit jours ou plus ces pommes infectées donnent des signes évidents de la même maladie.

6⁰. Il semble possible de récolter de bons fruits de pommes de terre corrompues et plantées dans un terrain supposé infect.

Dès que mes expériences seront entièrement achevées j'espère entrer dans de plus amples détails, surtout relativement à la dernière expérience qui donne lieu à plusieurs considérations importantes, et je crois pouvoir m'arrêter ici pour terminer ce rapport.

Ici s'arrêtait le résumé des observations et des expériences, que j'ai publié en Hollandais le 15 Novembre passé; et qui forme maintenant la première partie de ce mémoire.

J'y avais dit en deux mots que pour exploiter la culture hivernale, j'avais choisi un terrain, duquel je n'avais récolté que des pommes de terre dites *blaauw-keenen* tout à fait gâtées (*). Il sera nécessaire de décrire la méthode, que j'ai suivie tant dans cette plantation que dans celle que j'ai faite sur d'autres terrains, qui n'avaient pas servi l'été passé à la culture de pommes de terre.

Puisqu'on avait donné avec tant de zèle le conseil de ne pas tenter la culture hivernale, sans le chaulage préliminaire des pommes de terre, je m'y suis astreint en partie, mais pour d'autres je n'ai fait

(*) Voyez pag. 16 et 17.

aucune préparation, en les confiant simplement à la terre. On sait par ce que j'ai indiqué ci-dessus, que ces pommes de terre appartiennent à celles de l'année 1844. Ce furent des tubercules dits *stijfstronken* et *blaauwkeenen*. La terre, dans laquelle elles ont été mises, fut simplement bêchée et dûment remuée. J'avais choisi pour cela trois plates-bandes de mon jardin potager, dont deux élevées, la troisième basse. J'ai partagé chacune de ces plates-bandes en deux segments d'égale grandeur, dont l'un a servi aux pommes de terre chaulées, l'autre à celles qui n'avaient subi aucune préparation. Après ces plates-bandes j'ai encore employé une partie d'un terrain sur lequel j'avais cultivé les raves suédoises nommées *turnips*, que j'avais fait enlever pour faire place à la culture d'hiver.

Ensuite je fis usage d'un terrain de mon verger, duquel je n'avais tiré que des pommes de terre, dites *blaauwkeenen*, morbides. C'est celui dont je viens de parler.

Les tubercules furent mis en terre le 20 Septembre passé. Dans le jardin potager et le verger furent mises des *stijfstronken* seules, dans la terre de labour aussi des *blaauwkeenen* placées à distance de 4,5 décimètres, mais à profondeur différente c'est à dire dans quelques-unes des plates-bandes de 2,5 décimètres, dans d'autres de 3 décimètres.

Voyant déjà quelque verdure s'élever au dessus de la terre, le deux Novembre, j'osai me flatter d'obtenir un résultat satisfaisant, et je vis cet espoir s'accroître par la douce température de l'hiver suivant. Cependant l'expérience m'a montré que je m'étais fait illusion sur les chances probables de cette culture d'hiver. Mr. le Professeur J. VAN HALL n'a pas été plus heureux avec ces *stijfstronken*, quoiqu'il ait fait plus que moi, pour se procurer une bonne récolte. L'intendant de *Groeneveld*, où des *blaauwkeenen* de 1844 ont été cultivées de la même provision, dont les miennes ont été tirées, n'a pas obtenu de meilleurs résultats.

Mais comme il est certain, qu'on a obtenu en Écosse et dans d'autres regions, où l'on exerce la culture d'hiver, des résultats satisfaisants, il faut qu'il y ait eu quelque raison pour cette infertilité. En fixant là-dessus mon attention, j'ai acquis la certitude qu'elle trouvait son explication dans les tubercules mêmes, dont on s'est servi pour la culture.

Comme ils n'avaient été destinés que pour servir de nourriture aux bestiaux, on avait négligé d'y apporter tous les soins que l'on donne en général aux tubercules que l'on veut faire servir à la réproduction ; de plus on a arraché les pousses à différentes reprises ; par conséquent, à l'exception de quelques bourgeons ils ont dû être dépourvus de germes, et par-là peu appropriés au but, auquel on les avait destinés plus tard. La verdure, qui s'est montrée par-ci par-là au commencement du mois de Novembre, est provenue de tubercules appauvris, qui n'ont pas eu le moyen de nourrir de fortes tiges, ou de produire des fruits de grandeur convenable. (*)

C'est aux mêmes causes, que je crois devoir attribuer qu'on en trouvait la plus grande partie en état de pourriture aux derniers jours du mois de Février passé, et que d'autres étaient restés dans le même état, dans lequel ils se trouvaient, lorsqu'on les planta au mois de Septembre dernier. Cependant on aurait tort de croire, qu'ils soient restés tous en défaut. En examinant les plates-bandes, tant celles qui furent chaulées que les non-chaulées, j'ai trouvé dans toutes deux quelques touffes pourvues de tubercules qui, quoique petits, étaient complètement sains. Ce que je fais expressément remarquer, pour démontrer que le chaulage est une opération superflue ; et aussi pour faire voir que des

------

(*) Les membres de la commission chargée de faire un rapport sur les nombreux mémoires, qui ont été présentés sur la maladie des pommes de terre, à l'académie royale des sciences de Paris, considèrent la non-réussite de la culture d'hiver encore sous un autre point de vue. En parlant de la culture du printemps et pendant l'été, ils continuent ainsi : » une troisième sorte »de plantation, pratiquée dans le but d'avoir des pommes »de terre hâtives, a été tentée en automne; elle est destinée à »passer l'hiver en terre, pour fournir aux premiers besoins de »primeurs de l'année suivante. Mais les résultats de ces essais »n'ont pas été, du moins que nous sachions, couronnés d'un »plein succès, et tout nous porte à penser qu'ils ne seront »jamais bien satisfaisants, surtout dans nos régions septentrio-»nales de la France, où, malgré les précautions qu'on prendra »pour les abriter, les froids, généralement rigoureux, geleront »souvent les semences." *Comptes rendus l. c* N°. 6. (9 Février 1846) pag. 244

tubercules sains peuvent être produits par un terrain dans lequel a régné récemment la maladie, ce qui est certainement une des meilleures preuves, à l'appui de mon opinion qu'il n'y a pas lieu de craindre que la terre puisse devenir pour elle un foyer de contagion.

Il serait cependant possible qu'aux yeux de quelques-uns ces tubercules grêles et non mûrs ne démontrent pas suffisamment qu'ils seraient restés exempts de maladie, s'il leur eût été donné de parvenir à une maturité complète. (*) J'offre à ceux qui émet-

---

(*) Il ne sera pas tout à fait superflu de dire que dans la séance du 27 Décembre de la première Classe de l'Institut Royal des Pays-Bas, j'ai déposé sur le bureau uu pot à fleurs, dans lequel s'était trouvé en état de croissance une pomme de terre de la variété dite *witte blaauwkeen* de l'année 1844. Cette pomme de terre avait été plantée au mois d'Août de l'année 1845 dans un terrain fertile, d'où on l'avait retirée, lorsqu'elle commençait à pousser, au commencement du mois de Septembre, pour la transplanter dans ce pot à fleurs, rempli préalablement de terre d'un champ qui avait fourni des pommes de terre malades de la variété dite *muisjes (vetelottes)*. Le pot à fleurs fut transporté le 24 Octobre dans un châssis sous verre, rempli de terre fumée. La plante continua à croître jusqu'aux premiers jours de Décembre, lorsque les fanes commencèrent à se dessécher. Ayant versé le contenu du pot sur la table, les membres assistant à la séance, trouvèrent attachés à la touffe douze tubercules sains, ayant la grandeur ordinaire de semis et deux autres très-petits. Ces pommes de terre n'étaient pas à la vérité, originaires d'un tubercule qui avait été placé dès le commencement dans de la terre suspecte, mais la plante fut néanmoins transportée dès le commencement de sa croissance dans de la terre, qui avait produit des fruits malades. Malgré cela cette terre n'avait pas eu d'influence délétère sur elle, puisque des pommes de terre saines ont été produites.

tent ce doute, le recit d'une autre série d'expériences, par lesquelles j'ai tâché de jeter une nouvelle lumière sur tout ce que j'ai dit là-dessus.

Comme j'avais observé que quelques pommes de terre gâtées jetaient leurs pousses d'une manière très-précoce, je fis servir ce phénomène comme point de départ des recherches que je voulais faire sur les facultés de reproduction de ces tubercules malades. J'ai déjà communiqué ci-dessus les résultats que m'avait offerts une seule plante (*). Mais comme elle n'était pas parvenue à une complète maturité, on pourrait y faire la même objection qu'aux pommes de terre produites par ma plantation infructueuse d'hiver. Ainsi, pour parvenir à la solution complète du problême, il faudra recourir à des expériences à résultats plus concluants.

Pour ne pas perdre le fil de mon exposé, il faut que je dise que j'ai pris des tubercules malades en état de germination des variétés dites *blaauwkeenen*, *witte blaauwkeenen*, *vroege muisjes* (*vetelottes hâtives*) et *Early Kidney*; que je me suis servi, pour y mettre ces tubercules, de pots à fleurs remplis de terre, tirée des champs qui avaient fourni des pommes de terre malades, et à nombre égal de pots remplis de bon terreau. Tout cela s'est fait le 12 Septembre de l'année passée.

Pour donner plus d'étendue à mes expériences, j'y ai fait participer des tubercules sains, dans l'idée de déterminer : 1°. combien de temps ils pourraient res-

____

(*) Voyez pag. 18 et 19.

ter sous terre, sans former des pousses ; et 2°. quelle serait leur condition après la germination. C'est pour cela que je plaçai le 23 Septembre six *vetelottes* saines chacune séparément dans des pots, dont j'avais rempli trois de bon terreau et trois autres de terre tirée d'un champ, qui avait fourni des pommes de terre malades.

Tous ces pots, dûment étiquettés, furent placés en plein air jusqu'au 24 Octobre ; alors on les transporta dans des châssis sous verre remplis de terre fumée. Cependant on laissa pendant tout le jour un libre accès à l'air, à l'exception des journées pendant lesquelles il a gelé.

La croissance eut son cours naturel chez toutes les pommes de terre malades; elle parcourut toutes les périodes que l'on observe à l'état sain. Les vetelottes saines restèrent cependant jusqu'au commencement de cette année, et par conséquent pendant 4 mois à peu près sous terre, avant de donner des signes de croissance. Mais après ce terme, ils ne restèrent pas en défaut. — Je les vis toutes les six, au mois de Février en pleine croissance et en bonne condition, sans qu'il fût possible de voir que la terre, dans laquelle chacune d'elles avait été placée, eût produit quelque différence.

On me communiqua le 7 Janvier, que les plantes des pommes de terre, qui avaient été mises sous terre en état de maladie, commençaient à donner les prognostics qu'elles succomberaient bientôt de mort naturelle. Elles étaient restées par conséquent, pendant plus de trois mois et demi (leur terme ordinaire) en état permanent de croissance.

Il s'agit maintenant de déterminer quels en sont les produits. Je les indiquerai pour chaque espèce separément, et en premier lieu pour l'espèce dite *blaauwkeen*. Par rapport à celle-ci, ainsi que de toutes les autres variétés, que j'ai soumis à mes expériences, il est digne de remarque que les tubercules produits sont en général petits, quoiqu'il y en ait cependant quelques-uns d'un volume assez fort pour pouvoir servir comme aliment.

Cette exiguité s'explique assez facilement, si l'on considère la dégénération du tubercule, dont ces produits ont tiré leur origine. Car l'état plus ou moins grand de décomposition, dans lequel s'en trouve le tissu, et le défaut partiel qui en résulte de parties nutritives, desquelles les pousses tirent leur nourriture, ont eu sans doute une grande influence sur ces produits. Il y a même lieu de s'étonner, que les parties saines des pommes de terre affectées, aient encore pu avoir un tel effet.

Une autre cause de leur mince volume se trouve dans l'espace rétréci, dans lequel ces tubercules ont été forcés de croître. Mais quoiqu'il en soit, j'ai montré dans la séance de l'Institut que leur aspect externe, et que leur intérieur, quand on en coupe des tranches, sont parfaitement sains. Il n'y a rien dans le tégument externe, rien dans la texture interne qui montre la moindre détérioration. Par conséquent les pommes de terre nouvelles, tirées de tubercules malades et plantées tant dans de la terre qu'on dit infectée, que dans du bon terreau, sont saines, quoiqu'on semblât devoir s'attendre au contraire, principalement pour celles qui ont été cultivées dans une terre, qui a antérieurement produit des pommes de terre avariées.

Ce qui a été prouvé pour les *blaauwkeenen*, sera confirmé pour la variété analogue, dite *witte blaauwkeen.* Comme je trouvai parmi les tubercules malades de celles-ci, un plus grand nombre en état de germination, j'ai rempli dix pots de terre, tirée d'un champ sur lequel ils avaient été cultivés, et deux pots de bon terreau. Par conséquent ces *witte blaauwkeenen* malades en état de germination ont été mises à l'épreuve dans deux espèces de terre.

L'examen qui en eut lieu dans la séance de la première classe de l'Institut, démontra que les tubercules venant de pommes de terre malades et cultivées tant dans la terre, qui avait précédemment produit des fruits malades que dans de bon terreau, sont sains et parfaits et en outre qu'ils sont d'un volume plus fort, qu'on n'aurait pu le présumer d'après le mode de culture. J'en ai fait cuire quelques-uns, et je les ai trouvés d'un goût excellent.

La troisième variété, qui a servi à mes recherches. est connue sous le nom de *vetelotte (muisje).* J'ai décrit ci-dessus les expériences sur les vetelottes saines, et j'ai mentionné alors le retard, qu'elles éprouvent dans leur germination. Pour le moment il ne s'agit que des *vetelottes malades* en culture. Pour ne pas tomber dans des répétitions, il suffira de dire que tous les tubercules, produits par ces *ve-*

telottes sont sains, comme je l'ai fait voir à mes collègues de la première classe de l'Institut. Mais je ne dois pas oublier de dire que, tant ceux qui ont été cultivés dans de la terre qu'on dit infectée, que ceux qui ont été produits dans du bon terreau, offrent un phénomène, que je n'ai pas observé chez les *blaauwkeenen*, ni chez les *witte blaauwkeenen*, quoiqu'il ne soit pas sans exemple qu'il s'y trouve.

Les pommes de terre, qui sont affectées de cette altération offrent en differents endroits de leur surface, tantôt une éminence un peu rude sous la forme d'une verrue, tantôt un enfoncement inégal, qui pourrait facilement faire croire à celui qui ne saurait pas bien juger de l'état des choses, que cet enfoncement fût produit par la même maladie, qu'avait subie la pomme-mère. Cependant il n'en est rien ! Cette éminence circonscrite ou cet enfoncement n'est qu'une dégénération spéciale de la surface, qui commence avec la destruction du tégument de la pomme de terre, et qui ne pénètre pas profondément dans la structure intérieure.

Il n'y a pas d'année que quelques *vetelottes* n'en souffrent. Quelquefois plusieurs en sont affectées, mais soit qu'elle s'offre isolément, soit qu'elle soit plus répandue, toujours est-il, qu'elle diffère tellement de la maladie qui vient de régner, que personne ne les confondra. Les jardiniers donnent le nom de brûlure (*brand*) à cette affection.

J'offre à mes lecteurs la représentation de cet indice de brûlure dans une vetelotte coupée en deux qui en

est attaquée en deux endroits (*) et j'y joins le des-
sin d'une section verticale d'une pomme de terre lé-
gèrement affectée de la maladie, afin de démontrer
la différence qui existe entre elles. (†) Soit qu'elle se
montre à l'extérieur, sous la forme d'une verrue (§),
soit qu'elle forme un enfoncement, cette brûlure reste
toujours un mal local, auquel la texture interne ne
participe pas. La dégénération morbide au contraire, qui a fait tant souffrir la récolte des pommes
de terre, commence sous l'enveloppe du tubercule,
et se propage de la périphérie en différentes direc-
tions vers la substance interne; donc il ne peut
rester aucun doute sur la différence de ces deux affections.

La dernière pomme de terre, sur laquelle j'ai fait
des expériences est *l'Early Kidney*. — Je n'ai pu me
procurer de cette variété qu'un seul exemplaire malade en état de germination. Il fut planté dans de la
terre qui avait precédemment produit des pommes
de terre avariées. J'ai agi dans ce cas comme pour
les autres, et la pomme-mère a produit quatre tubercules parfaitement sains.

En donnant le récit de ces nouvelles observations
et expériences, je crois avoir rempli l'intention, ma-
nifestée à la fin de mon premier mémoire. L'in-
terèt que notre patrie et toute l'Europe porte à la

(*) Fig. 1.
(†) Fig. 2.
(§) Fig. 3. que j'y ai ajouté comme complément.

conservation d'un aliment, qui étant universel est devenu par-là indispensable, m'a engagé à ne pas jouer le rôle de simple spectateur, mais à chercher des lumières pour l'avenir, en interrogeant la nature.

Puis-je me flatter de l'avoir fait avec succès? Le temps résoudra cette question; mais je ne crois pas trop hasarder, en présageant d'après mes expériences, que la reprise de la culture des pommes de terre, n'offrira pas cette série de misères, qui ont tant alarmé les derniers jours de l'année passée.

Cet espoir, quelque fondé qu'il puisse être, reste cependant soumis, ainsi que tous les calculs de l'homme, aux décrets de la Providence. Si par-là même ou par toute autre cause générale les pommes de terre se détérioraient encore, qui serait en état de prévenir un tel desastre! Mais si on peut espérer avec confiance, que nous en resterons préservés, il est je crois convenable, de ne pas se servir de moyens, qui, vu notre ignorance par rapport à la cause du mal, ne sauraient être basés sur des principes rationels. (*)

____

(*) Pour ce qui regarde notre défaut de connaissances sur la cause de la maladie, je vois que les commissaires Français ont la même opinion. Car après avoir donné le résumé des opinions de 28 naturalistes, ils déclarent: *La commission tout en reconnaissant l'importance de quelques-uns des observations qui lui ont été communiquées, croit devoir déclarer que, dans son opinion, ces observations sont insuffisantes pour permettre de se prononcer sur les causes qui ont déterminé la maladie des pommes de terre.* Comptes rendus, l. c. pag. 209.

Je crois pour cela devoir rétracter dans ce moment les paroles dont je me suis servi, lorsque je fus chargé de donner une réponse à la question du Gouvernement; »quels sont les moyens de préve-»nir le retour du mal dans les saisons à venir." Toutefois je ne crois pas que l'emploi de *tubercules parfaits* et *sains*, et de *bonne terre labourable* soient des choses indifférentes pour la culture des pommes de terre, mais l'expérience m'a appris que des tubercules malades, et des terrains d'où ils ont été tirés en état de maladie, peuvent produire des pommes de terre parfaites et saines.